Jacqueline Rausch

Dominanzpaarvergleich und Semantisches Differential. Vorbereitung, Durchführung und Auswertung

GRIN Verlag

Bibliografische Information der Deutschen Nationalbibliothek:

Die Deutsche Bibliothek verzeichnet diese Publikation in der Deutschen National-
bibliografie; detaillierte bibliografische Daten sind im Internet über http://dnb.d-
nb.de/ abrufbar.

Impressum:

Copyright © 2007 GRIN Verlag GmbH
Druck und Bindung: Books on Demand GmbH, Norderstedt Germany
ISBN: 978-3-656-96749-1

Dieses Buch bei GRIN:

http://www.grin.com/de/e-book/300051/dominanzpaarvergleich-und-semantisches-
differential-vorbereitung-durchfuehrung

Dominanz-Paarvergleich und Semantisches Differential

Ausarbeitung zum Seminarvortrag

von

Jacqueline Rausch

Veranstaltungstitel: Angewandte Psychoakustik
Seminarvortrag vom: 09.05.2007

Institut für Physik
Carl von Ossietzky Universität Oldenburg
Fakultät V - Mathematik und Naturwissenschaften
Ammerländer Heerstr. 114-118
D-26129 Oldenburg

Inhaltsverzeichnis

1 Einleitung

In den letzten Jahrzehnten stiegen die Anforderungen seitens der Industrie und der Endkunden an die akustischen Merkmale nahezu jedes industriellen Produktes. Anfänglich lag dabei der Schwerpunkt auf der Verringerung der abgegebenen Schallenergie durch das Produkt, mit dem Ziel, „Je weniger desto besser!". Heute sind viele Konsumgüter akustisch unbedenklich, d. h. die abgegebene Schallenergie liegt unter festgelegten Werten um eine dauerhafte Hörschädigung, welche durch das Produkt hervorgerufen würde, zu vermeiden. In den 1980er Jahren änderten sich die Anforderungen und es entstand der Bereich der Soundqualität und speziell des Produktsounds mit der Integration bereits existierender objektiver, reliabler, valider, instrumenteller Messverfahren in diesem Bereich. Zwei dieser Messverfahren, mit deren Hilfe die Beurteilung der Soundqualität und des Produktsounds und die Aufklärung des Zusammenhangs zwischen den physikalisch-akustischen Eigenschaften und den wahrgenommenen Geräuscheigenschaften möglich ist, sind das Semantische Differential und der Paarvergleich. Beide Messverfahren und mögliche Methoden der Auswertung werden im Folgenden einführend erläutert.

2 Dominanz-Paarvergleich

2.1 Methodik und Anwendung des Dominanzpaarvergleichs

Der Dominanz-Paarvergleich, auch Präferenztest oder AB-Vergleich genannt, eignet sich zur qualitativen Einstufung von Geräuschen auf Grund der Präferenz eines vorgegebenen Merkmals. Die Aufgabe der Versuchsperson in einem Paarvergleich ist es aus einem Geräuschpaar das dominantere Geräusch bzgl. des gefragten Merkmals auszuwählen. In einem vollständigen Paarvergleich wird jedes Geräusch jeweils einmal mit allen anderen verglichen und bewertet. Die Anzahl notwendiger Vergleiche für n-Stimuli berechnet sich nach Gleichung (1).

$$A = \binom{n}{2} = \frac{n \cdot (n-1)}{2} \tag{1}$$

Die Ergebnisse der Einzelvergleiche werden häufig in einer Dominanzmatrix aufgetragen, der die Präferenzen der Zeilenobjekte gegenüber den Spaltenobjekten (oder umgekehrt) entnommen werden kann. Die Zeilen- bzw. Spaltensummen (s_c bzw. s_r) ergeben die Reihenfolge der Stimuli bezgl. des zu bewertenden Merkmals. [Otto et al. 2001]
Unter der Voraussetzung einer eindimensionalen Präferenzrangfolge wird die Methode des Paarvergleiches häufig angewendet um instrumentelle Schätzverfahren auf Basis messbarer Größen mittels Regressionsalgorithmen zu entwickeln. Ergeben sich bei einem durchgeführten Paarvergleich mit mehreren Versuchspersonen Gruppierungen unterschiedlicher Rangfolgen, kann das ein Indiz für die Bewertung der Geräusche auf Grund unterschiedlicher Eigenschaften (Mehrdimensionalität) bzw. sehr hoher Ähnlichkeit zwischen den Geräuschen sein. [Bednarzyk 1999]

2.2 Reihenfolge der Stimuluspräsentation

An die Darbietung der Reihenfolge der Paarvergleiche werden aus experimenteller Sicht folgende Bedingungen gestellt:

1. Eine geordnete und regelmäßige Abarbeitung der Einzelstimuli ist zur Vermeidung von Suggestiv- und Ermüdungseffekten auszuschließen.

2. Innerhalb der Versuchsreihe soll der Abstand der Wiederholung jedes Einzelstimulus maximal sein.

3. Die Darbietungsabfolge aller Vergleichspaare soll ausgewogen erfolgen.

Seit dem Ende des 19. und dem Anfang des 20. Jahrhunderts wurden verschiedene Methoden entwickelt um einen ausgewogenen Ablauf der Stimuli unter dem Aspekt der maximalen Distanz von Wiederholungen des Einzelstimulus zu ermöglichen. Um diese Aspekte gesamtheitlich zu erfüllen, reicht eine randomisierte Darbietung der Stimuli nicht aus, sondern bedarf einer strukturierten Anordnung der Vergleichspaare. Einen guten Kompromiss der genannten Bedingungen stellt das Vorgehen von [Ross 1934] dar, welcher leicht in bestehende Versuchsroutinen implementiert werden kann, jedoch nur für eine ungerade Anzahl an Stimuli direkt umsetzbar ist. Bei einer geraden Anzahl an Stimuli ist es dennoch möglich diese Methode zu nutzen, in dem die Anordnung der Vergleichspaare für $n+1$-Stimuli berechnet und anschließend die Vergleichspaare, die den $n+1$-ten Stimulus enthalten, aussortiert werden. In Tab. 1 ist die grundlegende Methode dargestellt, wobei die optimale Reihenfolge spaltenweise abzulesen ist. Diese Methode führt auf eine Tabelle mit $\frac{n+1}{2}$ Zeilen und $n-1$ Spalten,

I		II		III		IV		V		VI		VII		
1	2	2	3	1	3	3	4	1	4	4	5	1	5	$\cdots$
n	3	n	4	2	4	2	5	3	5	3	6	4	6	$\cdots$
n-1	4	n-1	5	n	5	n	6	2	6	2	7	3	7	$\cdots$
n-2	5	n-2	6	n-1	6	n-1	7	n	7	n	8	2	8	$\cdots$
n-3	6	n-3	7	n-2	7	n-2	8	n-1	8	n-1	9	n	9	$\cdots$
n-4	7	n-4	8	n-3	8	n-3	9	n-2	9	n-2	10	n-1	10	$\cdots$
n-5	8	n-5	9	n-4	9	n-4	10	n-3	10	n-3	11	n-2	11	$\cdots$
n-6	9	n-6	10	n-5	10	n-5	11	n-4	11	n-4	12	n-3	12	$\cdots$
n-7	10	n-7	11	n-6	11	n-6	12	n-5	12	n-5	13	n-4	13	$\cdots$
n-8	11	n-8	12	n-7	12	n-7	13	n-6	13	n-6	14	n-5	14	$\cdots$
$\vdots$	$\vdots$	$\vdots$	$\vdots$	$\vdots$	$\vdots$	$\vdots$	$\vdots$	$\vdots$	$\vdots$	$\vdots$	$\vdots$	$\vdots$	$\vdots$	

Tab. 1: Optimale Reihenfolge der Vergleichspaare nach [Ross 1934] für n-Stimuli.

wobei in den ungeraden Spalten in der letzten Zeile die Stimulusnummer immer mit sich selbst verglichen würde. Zur Korrektur wird in den ungeraden Spaltennummern immer der Stimulus 1 mit dem jeweils berechneten verglichen und in den geraden Spalten der Eintrag der letzten Zeile gelöscht. [Ross 1934]

2.3 Urteilskonsistenz

Um die Urteilskonsistenz der $\binom{n}{2}$ Paarvergleichsergebnisse einer Versuchsperson, unter der Voraussetzung einer eindimensionalen Rangreihenfolge, zu beurteilen wird die Transitivität, d.h. die Stabilität des Urteilskriteriums, überprüft und der damit zusammenhängende Kendall-Koeffizient k_0 berechnet. Transitivität bei Paarvergleichsurteilen bedeutet, wenn Geräusch A gegenüber dem Geräusch B und B gegenüber C dominanter erscheint, so muss konsistenter Weise das Geräusch A gegenüber dem Geräusch C dominanter beurteilt werden (aus A>B>C folgt: A>C). Intransitivität, d.h. inkonsistente Beurteilungsergebnisse der Form A>B>C und A<C werden auch als zyklische Triaden bezeichnet. In Abb. 1 sind die Paarvergleichsurteile für drei Objekte bei transitiver, konsistenter Beurteilung einer zyklischen, intransitiven Beurteilung grafisch gegenübergestellt. Die Anzahl der zyklischen Triaden t einer Versuchsperson in einem kompletten Paarvergleich berechnet sich nach Gleichung (2) aus der Anzahl der Stimuli n und den Präferenzsummen s_i^2 der Zeilen- bzw. Spaltenobjekte aus der Dominanzmatrix S der Versuchsperson.

$$t = \frac{n \cdot (n-1) \cdot (2 \cdot n - 1)}{12} - \frac{1}{2} \sum_{i=1}^{n} s_i^2 \tag{2}$$

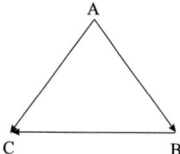
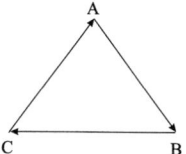

(a) Transitive, konsistente Urteile (azirkulär).   (b) Intransitive, inkonsistente Urteile (zyklische Triade).

Abb. 1: Grafische Darstellung von möglichen Paarvergleichsurteilen bei drei Objekten.

Die Anzahl der maximal möglichen zyklischen Triaden t_{max} eines kompletten Paarvergleichs berechnet sich in Abhängigkeit der Anzahl der Stimuli n nach Gleichung (3).

$$t_{max} = \begin{cases} \frac{1}{24} \cdot n \cdot (n^2 - 1) & \text{für n = ungerade} \\ \frac{1}{24} \cdot n \cdot (n^2 - 4) & \text{für n = gerade} \end{cases} \tag{3}$$

Aus dem Verhältnis der zirkulären Triaden einer Versuchsperson und den maximal möglichen zirkulären Triaden berechnet sich der Kendall-Konsistenzkoeffizient k_o nach Gleichung (4).

$$k_o = 1 - \frac{t}{t_{max}} \tag{4}$$

Die Überprüfung der Zufälligkeit der Höhe des Kendall-Koeffizienten, d. h. ob die Anzahl der zirkulären Triaden geringer ist als durch Zufall erwartet werden könnte, ist mit einem χ^2-Test möglich. Die Prüfgröße χ^2 berechnet sich nach Gleichung (5)

$$\chi^2 = \frac{8}{n-4} \cdot (\frac{1}{4} \cdot \binom{n}{3} - t + \frac{1}{2}) + F_g, \tag{5}$$

mit der Anzahl der Freiheitsgrade F_g nach Gleichung (6).

$$F_g = \frac{n \cdot (n-1) \cdot (n-2)}{(n-4)^2} \tag{6}$$

Der zu vergleichende Wert der χ^2-Verteilung ist für einige Freiheitsgrade und ausgewählte Wahrscheinlichkeiten tabelliert, bzw. lässt sich mit geeigneter mathematischer Software berechnen [1]. Die Verwerfung der Nullhypothese H_0, d. h. die Anzahl der zirkulären Triaden ist nicht überzufällig geringer als durch Zufall erwartet werden kann, erfolgt bei einem nach Gleichung (5) höheren χ^2-Wert als der zugehörige Wert der χ^2-Verteilung. [Bortz et al. 1990]
Ist die Anzahl der zirkulären Triaden nicht signifikant geringer als unter Zufallsbedingungen erwartet, ist das ein Indiz für die Mehrdimensionalität der Bewertung, die Inkonsistenz bzw. Nachlässigkeit des Beurteilers oder für eine geringe Distanz zwischen den zu vergleichenden Objekten. In diesem Fall ist ein Ähnlichkeits-Paarvergleich dem hier betrachteten Dominanzpaarvergleich zu bevorzugen.
[Bortz und Döring 2003]

2.4 Urteilskonkordanz

Die Konkordanzanalyse nach Kendall untersucht die Übereinstimmung der abgegebenen Urteile in einem kompletten Paarvergleich von m-Beurteilern. Die Addition der Dominanzmatrizen S_{rc} aller

---

[1] z. B. Matlab: chi2inv (Wahrscheinlichkeit, Freiheitsgrade)

Versuchspersonen erfolgt nach Gleichung (7) und ergibt die Häufigkeitsmatrix H_{rc}, der die Anzahl der Präferenzen über alle Versuchspersonen für alle Stimuli entnommen werden kann.

$$H_{rc} = \sum_m S_{rc} \tag{7}$$

Die Indizes r und c kennzeichnen dabei den jeweiligen Stimulus aus Spalte r bzw. den Stimulus aus Zeile c. Die Summe der übereinstimmenden Urteilerpaare J aller Beurteiler berechnet sich nach Gleichung (8) aus den absoluten Häufigkeitswerten h_{rc} der Häufigkeitsmatrix H_{rc}.

$$J = \sum_{r=1}^n \sum_{c=1}^n \binom{h_{rc}}{2} = \sum_{r=1}^n \sum_{c=1}^n \frac{h_{rc} \cdot (h_{rc} - 1)}{2} \quad \text{mit } r \neq c \tag{8}$$

Eine Relativierung der übereinstimmenden Urteilerpaare J auf die Anzahl der Stimuli n und der Beurteiler m führt nach Gleichung (9) auf das Akkordanzmass A nach Kendall, welches bei maximaler Übereinstimmung der m-Beurteiler den Wert $A = 1$ annimmt.

$$A = \frac{J - 0.5 \cdot \binom{n}{2} \cdot \binom{m}{2}}{0.5 \cdot \binom{n}{2} \cdot \binom{m}{2}} = \frac{8 \cdot J}{n \cdot (n-1) \cdot m \cdot (m-1)} - 1 \tag{9}$$

Zur Beurteilung der Zufälligkeit der Übereinstimmung der Beurteiler, wird der χ^2-Wert unter Benutzung der ermittelten übereinstimmenden Urteilerpaare J, der Anzahl der Stimuli n und der Anzahl der Beurteiler m nach Gleichung (10) berechnet.

$$\chi^2 = \frac{4}{m-2} \cdot (J - 0.5 \cdot \binom{n}{2} \cdot \binom{m}{2} \cdot \frac{m-3}{m-2}) \tag{10}$$

Die Anzahl der Freiheitsgrade f_g zur Berechnung des zu vergleichenden Wertes der χ^2-Verteilung berechnet sich nach Gleichung (11).

$$f_g = \binom{n}{2} \cdot \frac{m \cdot (m-1)}{(m-2)^2} \tag{11}$$

Ist der nach Gleichung (10) ermittelte χ^2-Wert größer als der χ^2-Wert der Verteilung, so führt das zum Ablehnen der Nullhypothese H_0 auf dem betrachteten Signifikanzniveau, d. h. die Übereinstimmung der Beurteiler ist überzufällig hoch. [Bortz et al. 1990]
Eine hohe Übereinstimmung der abgegebenen Bewertungen ist notwendig um die individuellen Paarvergleichsurteile mehrerer Beurteiler zusammenfassen zu können, wohingegen eine geringe Übereinstimmung der Beurteiler ein Indiz für die Mehrdimensionalität des Merkmals sein kann. Jedoch bedeutet eine hohe Akkordanz nicht automatisch eine konsistente Beurteilung der individuellen Versuchspersonen, denn diese können genauso einheitlich inkonsistent geurteilt haben. Wiederum führt eine hohe individuelle Konsistenz nicht zwangsweise zu einer hohen Übereinstimmung zwischen den Beurteilern, denn jede Versuchsperson kann in sich komplett konsistent antworten, aber eine vollkommen andere Reihenfolge der zu beurteilenden Stimuli wählen als ein anderer Beurteiler. [Bortz und Döring 2003]

2.5 Ergebnisskalierung

Bei ausreichender Konsistenz und Konkordanz ist die Berechnung von Rangskalen möglich, die je nach Methode Ordinalskalen- oder Intervallskalenniveau aufweisen. Allen Methoden gemeinsam ist die Voraussetzung der Eindimensionalität des zu bewertenden Merkmals. Nach [Sixtl 1967] ist Eindimensionalität dann gegeben, wenn der der größte wahrnehmbare Unterschied zwischen drei Objekten gleich der Summe der beiden kleineren Unterschiede ist (vgl. Gleichung (12)), wobei D_{ki} der wahrgenommene Unterschied zwischen den Objekten k und i ist.

$$D_{ki} = D_{ji} + D_{kj}, \quad \text{mit } i < j < k \tag{12}$$

2.5.1 Indirekte Rangordnung

Zur Ermittlung einer indirekten Rangordnung der Reize aus dem Dominanz-Paarvergleich werden die Reize entsprechend der Häufigkeiten in einer aufsteigend geordneten Folge mit ordinalem Skalenniveau angeordnet. Mit dem Rang $R(s_n)$ des Reizes s_n wird die Position der n-ten Beobachtung innerhalb der geordneten Folge bezeichnet. Tritt eine Häufigkeit mehrfach im Datensatz auf, werden die entsprechenden Ränge gemittelt. [Bortz und Döring 2003]

2.5.2 Law of Comparative Judgement - Thurstone Skalierung

Die Thurstone Skalierung, auch *Law of Comparative Judgement* genannt, ist ein psychologisch motiviertes, mathematisches Modell zur Transformierung der ordinalen Beurteilungen des Paarvergleiches auf das höhere Intervallskalenniveau. Dabei wird davon ausgegangen, dass jeder dargebotene Reiz R_i einen dazugehörigen Diskriminationsprozess S_i auf einer psychologischen, internen, kontinuierlichen Skala auslöst. Die Intensitäten der dargebotenen Reize können auf einer kontinuierlichen Skala angeordnet werden, die mit der internen Diskriminationsskala korreliert. Eine weitere Annahme ist die Diskrimination als deterministischer Prozess, der den Charakter einer Zufallsvariablen hat, d. h. der korrelative Zusammenhang zwischen R_i und S_i ist auf Grund internen Rauschens nicht immer erfüllt. Diese Schwankungen des internen Rauschens werden als Diskriminationsstreuung bezeichnet und als normalverteilt um den „wahren" Wert der Empfindungsstärke angenommen. Für nicht normalverteilte Diskriminationsstreuungen führt die Thurstone-Skalierung zu fehlerhaften Ergebnissen. Die Differenz der beiden Diskriminationsprozesse stellt ebenfalls wieder eine normalverteilte Zufallsvariable dar. In Abb. 2 a ist eine Verteilung der Diskriminationsprozesse beispielhaft für zwei Reize R_i und R_j dargestellt. Der Reiz R_j führt zum Skalenwert S_j und Reiz R_i zum Skalenwert S_i mit den Standardabweichungen σ_j bzw. σ_i. Die Diskrimination beider Reize ist eine zufällige Größe, die um den Skalenwert normalverteilt ist und sich in einem Teilbereich überlagert, d. h. der Reiz R_i kann die Wahrnehmung S_j auslösen und umgekehrt. Diese Wahrscheinlichkeit hängt von der Differenz der Skalenwerte und der Varianzen beider Stimuli ab. Die Höhe der Skalendifferenz ist ein Maß für den wahrnehmbaren Unterschied der beiden Reize, d. h. bei einer Skalendifferenz von null existiert für den Beurteiler kein wahrnehmbarer Unterschied zwischen den Reizen und je größer die Skalendifferenz wird, um so größer ist der wahrnehmbare Unterschied für den Beurteiler. In Abb. 2 b ist der Zusammenhang der normalverteilten Diskriminationsprozesse und der normalverteilten Differenz grafisch dargestellt. Die Division des Skalendifferenzwertes durch die Standardabweichung der

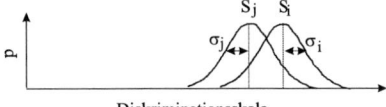

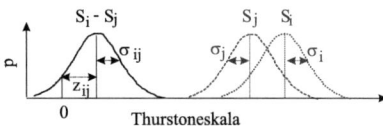

(a) Verteilung der Diskriminationsprozesse S_i und S_j hervorgerufen durch die Reize R_i und R_j.

(b) Darstellung der Differenzverteilung der Diskriminationsprozesse. Der z-Wert entspricht dem Mittelwert der Differenzverteilung.

Abb. 2: Thurstone Skalierung - *Law of Comparative Judgement.*

Differenzverteilung (Gleichung (13)) ergibt den z-Wert, also den abgeschnittenen Flächenanteil der Standardnormalverteilung.

$$z_{ij} = \frac{S_i - S_j}{\sigma_{ij}} \tag{13}$$

Im dargestellten Beispiel in Abb. 2 ergibt sich ein positiver z-Wert, wenn der Beurteiler den Reiz R_i gegenüber dem Reiz R_j dominanter einschätzt und ein negativer z-Wert für die Beurteilung $R_j < R_i$.

Die Standardabweichung σ_{ij} der Differenzverteilung berechnet sich nach Gleichung (14), wobei r_{ji} die Korrelation zwischen den Skalenwerten kennzeichnet.

$$\sigma_{ij} = \sqrt{\sigma_j^2 + \sigma_i^2 - 2r_{ji}\sigma_j\sigma_i} \qquad (14)$$

Thurstone's vollständiges *Law of Comparative Judgement* ist somit durch Äquivalenzumformungen in Gleichung (15) gegeben. Die komplette Herleitung ist in [Sixtl 1967] nachzulesen.

$$S_i - S_j = z_{ij} \cdot \sqrt{\sigma_j^2 + \sigma_i^2 - 2r_{ji}\sigma_j\sigma_i} \qquad (15)$$

Die rechte Seite dieser Gleichung enthält die Varianzen σ_j^2 und σ_i^2 sowie die Korrelationsparameter r_{ij} als unbekannte Parameter, für die in der Regel keine empirischen Werte gefunden werden können. Zur Lösung des Gleichungssystems werden deshalb folgende drei Approximationen der Gleichung (15) unterschieden:

- Approximation 1: Die Korrelationen der Skalenwerte $r_{ij} = 0$. Dadurch vereinfacht sich das Gleichungssystem zu Gleichung (16).

$$S_i - S_j = z_{ij} \cdot \sqrt{\sigma_j^2 + \sigma_i^2} \qquad (16)$$

- Approximation 2: Die Verteilungen der Diskriminationsprozesse streuen annähernd gleich; dadurch ergibt sich Gleichung (17).

$$S_i - S_j = z_{ij} \cdot \sqrt{2} \cdot (\sigma_j + \sigma_i) \qquad (17)$$

- Approximation 3: Die Korrelationen der Skalenwerte $r_{ij} = 0$ und die Standardabweichungen sind gleich ($\sigma_j = \sigma_i = \sigma_{ij}$). Dadurch kommt es zur Vereinfachung gemäß Gleichung (18).

$$S_i - S_j = z_{ij} \cdot \sqrt{2} \qquad (18)$$

In der Praxis wird die dritte Approximation am häufigsten realisiert. Als Wahrscheinlichkeiten der Präferenz eines Reizes werden die ermittelten relativen Häufigkeiten verwendet und die diejenigen z-Werte der Standardnormalverteilung berechnet[2], die genau diesen Flächenanteil der Verteilung abschneiden. Diese z-Werte repräsentieren die Differenzen zwischen zwei Reizen auf einer Intervallskala. Die somit berechneten Thurstone-Skalenwerte haben einen Mittelwert von null, d. h. es treten positive und negative Werte auf. Mittels zulässiger Lineartransformation wird zu allen Skalenwerten der Betrag des größten negativen Skalenwertes addiert, d. h. die gesamte Skala wird so verschoben, dass der Reiz mit der größten negativen Ausprägung den Nullpunkt der Skala repräsentiert. Nach dieser Transformation können alle für Intervallskalen zulässigen Operationen durchgeführt werden. [Bortz und Döring 2003]
Die Anwendung der Thurstone Skalierung ist sowohl zur Skalierung von einem Beurteiler geeignet, in dem diesen ein Paar von Reizen N-mal zum Vergleich dargeboten wird, als auch zur Skalierung von Gruppenergebnissen, in dem die Reizpaare einer Gruppe, bestehend aus mehreren Beurteilern jeweils einmal zum Vergleich dargeboten werden. Die Berechnung der Skalenwerte mit der oben beschriebenen Methode eignet sich nur für die Fälle, bei denen in der Häufigkeitsmatrix H_{rc} keine relativen Häufigkeiten von null und eins vorkommen. Bei einer relativen Häufigkeit von null bzw. eins kommt es nicht zur Überlappung der Häufigkeitsverteilung der beiden Reize und die gesuchten Flächenanteile in der Standardnormalverteilung können nur bei $z_{ij} = \pm\infty$ realisiert werden. In diesen Fällen eignet sich ein iteratives Verfahren nach Gulliksen, welches auf der *Least-Squares*-Methode basiert. [Sixtl 1967]

---

[2] z. B. Matlab: norminv(rel. Häufigkeit)

2.5.3 BTL-Modell

Unter der Annahme konstanter Empfindungsstreuungen können durch eine logistische Funktion die relativen Häufigkeiten der Paarvergleichsurteile in Distanzen umgerechnet werden. Das BTL-Modell basiert dabei auf dem Wahlaxiom von Luce (1959), nach dem sich die Wahlwahrscheinlichkeit p_{ij} eines Reizes i aus dem Verhältnis der Wahlwahrscheinlichkeit des Reizes und der Summe der Wahlwahrscheinlichkeiten p_i und p_j des zu vergleichenden Reizpaares nach Gleichung (19) ergibt. [Roskam 1983]

$$p_{ij} = \frac{p_i}{p_i + p_j} \tag{19}$$

Durch Umformungen der Gleichung (19) folgt die inverse logistische Funktion in Gleichung (20).

$$p_{ij} = \frac{e^{ri}}{e^{ri} + e^{rj}} = \frac{1}{e^{-(r_i - r_j)} + 1} \tag{20}$$

Die Differenz des Skalenwertes w_{ij} der Reize i und j berechnet sich aus der inversen logistischen Funktion nach Gleichung (21). Alle Elemente w_{ij} bilden eine Distanzmatrix, aus der durch Mittelwertbildung über die Spaltenobjekte die Skalenwerte berechnet werden können.

$$w_{ij} = logit(p_{ij}) = ln\frac{p_{ij}}{p_{jk}} = ln\frac{p_{ij}}{1 - p_{ij}} \tag{21}$$

Diese Berechnung erfolgt unter der Annahme, dass die Diskriminationsstreuungen S_i und S_j gleich groß sind und alle Elemente der Häufigkeitsmatrix ungleich null oder eins sind. Treten in der Häufigkeitsmatrix Null- oder Einser-Elemente auf, so sollte wie bei der Thurstone Skalierung, das Iterationsverfahren nach Gulliksen verwendet werden. [Sixtl 1967]

3 Semantisches Differential

3.1 Methodik und Anwendung des Semantischen Differentials

Das Semantische Differential, auch als Eindrucksdifferential oder Polaritätsprofil bekannt, ist ein häufig verwendetes kategoriales Verfahren, zur Ermittlung der Wahrnehmungsdimensionen des zu untersuchenden Geräuschs. Die Technik des Semantischen Differentials wurde von Osgood 1952 entwickelt und zur Analyse der Dimensionalität des sprachlichen Bedeutungsverhaltens angewendet. Seit dem werden Semantische Differentiale auch außerhalb der Psycholinguistik verwendet und sind eine zunehmend wichtige Hörversuchsmethode im Bereich des Sounddesigns [Liebl et al. 2006]. Dabei werden die Geräusche von den Versuchspersonen mittels gegensätzlicher Adjektivpaare auf einer mehrstufigen Bewertungsskala kategorial eingeordnet. Das Ziel ist mittels einer anschließenden Faktorenanalyse die geringste Anzahl an Dimensionen zu finden, die die bedeutungsspezifische Wahrnehmung hinreichend beschreiben und diese mit physikalischen und psychoakustischen Parametern darzustellen. Um den gesamten aufgespannten Wahrnehmungsraum durch eine angemessene Stichprobe an Geräuschen zu repräsentieren, sollten für eine erwartete Anzahl von m-unabhängigen Wahrnehmungsdimensionen mindestens $2 \cdot m + 2^m$ Geräusche beurteilt werden. [Schäfer 1983]

3.2 Konstruktion eines Semantischen Differentials

Der Aufbau des Semantischen Differentials und die Auswahl der Adjektivpaare bestimmt in hohem Maß das Ergebnis des Polaritätsverlaufs und der Ermittlung der Wahrnehmungsdimensionen. Da die Konstruktion eines Differentials stets konzeptspezifisch, d. h. speziell für die zu bewertende Geräuschklasse notwendig ist, müssen diese in den meisten Anwendungsfällen neu konstruiert werden. Zu den grundlegenden Konstruktionsüberlegungen gehören die konzeptspezifische bipolare Adjektivauswahl, die Anzahl an Antwortkategorien und Nullpunktlage sowie die Intervallgleichheit der Bewertungsskala. [Schäfer 1983]

3.2.1 Adjektivauswahl und Bipolarität

Die Konstruktion eines Semantischen Differentials muss, bzgl. der Adjektivauswahl, konzeptspezifisch erfolgen [Schäfer und Fuchs 1975]. Das bedeutet für den Bereich der Psychoakustik, dass alle Adjektive zum zu bewertenden Geräusch relevant, eindeutig zuordnungsfähig und für alle Versuchspersonen erkennbar sein müssen. Liegen für die zu untersuchende Geräuschklasse noch keine evaluierten Adjektivpaare vor, wodurch die Konstruktion eines neuen Semantischen Differentials notwendig ist, hat sich im Bereich der Psychoakustik folgendes Vorgehen etabliert: [Liebl et al. 2006]

1. In einem Vortest mit Versuchspersonen der späteren Beurteilerpopulation werden in Interviews bzw. durch zusätzliche akustische Darbietungen der Geräusche semantische Deskriptoren durch das Nennen der auftretenden Assoziationen gesammelt.

2. Einer weiteren Versuchspersonengruppe werden die gesammelten Adjektive zur Beurteilung der Eignung, z. B. mittels einer 5-stufigen Bewertungsskala mit den Kategorien *sehr geeignet, geeignet, möglich, ungeeignet, sehr ungeeignet,* vorgelegt. Anhand eines vorher festgelegten Auswahlkriteriums werden anschließend die als relevant und passend beurteilten Adjektive eliminiert, in dem z. B. nur Adjektive weiterverwendet werden, die von allen Versuchspersonen mindestens als *geeignet* beurteilt wurden.

3. Der dritte Teilschritt bezieht sich auf das Finden der Antonyme zu den als geeignet beurteilten Adjektiven mittels einer weiteren Versuchspersonengruppe, der möglichst die Hörbeispiele der Geräuschklasse dargeboten werden.

4. Um die Angemessenheit der ermittelten Anonyme zu beurteilen, werden auch diese einer weiteren Versuchspersonengruppe zur kategorialen Beurteilung vorgelegt und anhand eines vorher festgelegten Auswahlkriteriums selektiert.

Für die zu bewertenden Adjektivpaare gilt die Forderung nach Bipolarität, was nur mit echten konzeptspezifischen Antonymen realisierbar ist. Untersuchungen ergaben, dass bei Verwendung von unipolaren Adjektivpaaren (z. B. angenehm-unangenehm) anstelle echter Antonyme (z. B. laut-leise) die Versuchspersonen zur Neutralbewertung tendieren und für die Nullpunktlage unklar definiert ist. [Schäfer 1983]
Das so entstandene Semantische Differential sollte in einem Pretest exemplarisch auf den relevanten Untersuchungsgegenstand angewendet und gegebenenfalls modifiziert werden. [Liebl et al. 2006]

3.2.2 Anzahl an Antwortkategorien und Nullpunktlage

Die Anzahl der Bewertungskategorien richtet sich in erster Linie nach der Diskriminationsfähigkeit der Versuchspersonen und wurde bereits häufig untersucht. Es zeigt sich, dass die Reliabilität für fünf-stufige Bewertungsskalen am höchsten ist und bei einer geringeren Anzahl als fünf Bewertungskategorien die Diskriminationsfähigkeit und Validität abnimmt. Eine Erhöhung der Bewertungskategorien auf neun bis zwölf Stufen bewirkt keinen weiteren psychometrischen Vorteil auf Grund der begrenzten Kapazität menschlicher Informationsverarbeitung. [Schäfer und Fuchs 1975]
In der Praxis hat sich die Verwendung einer 7 ± 2-stufigen Bewertungsskala etabliert. Die Verwendung und Definition einer neutralen Mittelkategorie hingegen wird auf Grund einer möglichen mehrfachen Bedeutung und Interpretation dieser Kategorie kontrovers diskutiert. Um den Probanden nicht in eine Entscheidungssituation zu drängen und die Möglichkeit einer neutralen Antwortmöglichkeit zu gewährleisten, wird häufig eine Mittelkategorie angeboten. Weitere Untersuchungen zur Notwendigkeit einer Mittelkategorie zeigen eine Abnahme der Erfordernis je größer die konzept- und beurteilerspezifische Auswahl der Adjektivpaare erfolgte. [Schäfer 1983]

3.2.3 Intervallgleichheit

Bei der Analyse und Verarbeitung von Daten aus einem Semantischen Differential wird i. Allg. davonausgegangen, dass die Antwortkategorien das bipolare Kontinuum in gleiche Intervallbreiten aufteilen. Diese Äquidistanz ist über eine adverbiale Definierung der Beurteilungsskala häufig nicht möglich. Untersuchungen zur Äquidistanz der Skalenpunkte zeigen bei verbaler Bezeichnung eine Verengung der Intervallbreiten zur Skalenmitte. Um dennoch Intervallgleichheit zu erhalten werden deshalb ansteigende numerische, seitenneutrale Bezeichnungen, der Form $+1$, $+2$, $+3$, in Richtung beider Antonyme verwendet. [Schäfer 1983]

3.3 Datenanalyse

3.3.1 Datenreduktion

Die erhobenen Daten eines Semantischen Differentials werden typischerweise von Beurteilern auf Skalen für Konzepte abgegeben und ergeben eine in Abb. 3 dargestellte dreidimensionale Datenmatrix. Die Skalen kennzeichnen dabei die bewerteten Adjektivpaare und die Konzepte charakterisieren

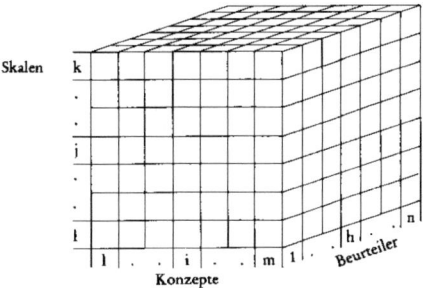

Abb. 3: Dreidimensionale Datenmatrix aufgrund der Bewertungen mehrerer Beurteiler für verschiedene Konzepte bzgl. eines Semantischen Differentials mehrerer Items. Quelle: [Diehl und Schäfer 1975]

die Geräusche für jede einzelne Versuchsperson (Beurteiler). Jedes Matrixelement X_{ijh} stellt somit die Beurteilung eines Geräuschs i für ein Adjektivpaar j durch einen Beurteiler h dar. Eine anschließende Faktorenanalyse ermöglicht eine, je nach nicht reduzierter Varianzquelle, Beurteiler-spezifische Datenreduktion zur Ermittlung gruppenspezifischer Beurteilerpopulation, eine Skalen-spezifische Datenreduktion zur Ermittlung der Dimensionalität der Wahrnehmung oder eine Konzept-spezifische Datenreduktion zur Ermittlung von Gruppenzugehörigkeiten der Geräusche. Diese Klassifikation ist nicht exklusiv, da die ursprüngliche Datenmatrix hinsichtlich aller drei Varianzquellen reduzierbar ist. Somit ergeben sich 2^3 Reduktionsmöglichkeiten, welche i. Allg. mit Informationsverlust verbunden sind. Um den Informationsverlust zu minimieren und Artefaktbildung durch Summation und Mittelung über verschiedene Dimensionen zu vermeiden, ist eine Datenreduktion nur für homogene Skalen, Konzepte und Beurteiler durchzuführen. [Diehl und Schäfer 1975]

3.3.2 (Un-) Ähnlichkeitsmaße - Profilanalyse

Das Ziel vieler Untersuchungen mit einem Semantischen Differential ist es die subjektiven Unterschiede bzw. Ähnlichkeiten zwischen den Bedeutungen der Konzepte festzustellen um Wahrnehmungsvoraussagen treffen zu können. Die Profilanalyse ist sowohl für Einzelprofile, d.h. Verwendung der Rohdaten/ Skalenwerte eines Konzeptes eines Beurteilers als auch für Durchschnittsprofile, d. h. Summation und Mittelung verschiedener Konzepte bzw. Beurteiler, anwendbar. Das gebildete Profil liefert Informationen zur Profilhöhe, zur Profilstreuung und zum Profilverlauf. Als Profilhöhe wird laut Gleichung (22) der Mittelwert aller Profilwerte X_{ij} des Profils i mit k-Skalen bezeichnet.

$$M_i = \frac{\sum X_{ij}}{k} \tag{22}$$

Als Maß für die Profilstreuung wird oft die Standardabweichung des Profils nach Gleichung (23) berechnet. Alternativ werden teilweise auch die Varianz s_i^2 bzw. $s_i \cdot \sqrt{k}$ angegeben.

$$s_i = \sqrt{\frac{\sum (X_{ij} - M_i)^2}{k}} \tag{23}$$

Um die Verlaufsgestalt eines Proflis zu beschreiben kann der standardisierte Profilwert nach Gleichung (24) berechnet werden. Der Wert z_{ij} ist dabei als standardisierter Profilwert des Konzeptprofils i auf der Skala j zu interpretieren.

$$z_{ij} = \frac{X_{ij} - M_i}{s_i} \tag{24}$$

Ein Konzeptprofil kann somit als Punkt, dessen Koordinaten durch die Profilwerte gegeben sind, in einem Semantischen Raum angesehen werden, der durch die verwendeten Adjektiv-Skalen aufgespannt ist. [Diehl und Schäfer 1975]
Der Spearman'sche Rangkorrelationskoeffizient ρ kann zur Ermittlung des Betrages und der Richtung eines monotonen Zusammenhanges zwischen den Skalenwerten nach Gleichung (25), mit k =Anzahl der Skalen und d_{il} =Differenz zwischen den Rangplätzen der Werte X_i des Konzeptes i und X_l des Konzeptes l, berechnet werden.

$$\rho = 1 - \frac{6 \cdot \sum d_{il}^2}{k \cdot (k^2 - 1)} \tag{25}$$

Der Korrelationskoeffizient ρ kann Werte im Intervall [-1, 1] annehmen, wobei das Vorzeichen durch die Polung der Skalen bestimmt ist. Der Wert des Koeffizienten gibt demnach die Ähnlichkeit zweier Konzepte hinsichtlich der Verlaufsgestalt ihrer Profile an. Da ρ nur Aussagen zur Monotonie erlaubt, ist die Art des Zusammenhangs (linear oder nicht linear) nicht zu bestimmen, welche jedoch mit dem Pearson'schen Korrelationskoeffizienten r_{xy} nach Gleichung (26) ermittelt werden kann.

$$r_{xy} = \frac{\sum (X_{ij} - M_i) \cdot (Y_{lj} - M_l)}{k \cdot s_i \cdot s_l} \tag{26}$$

Der Korrelationskoeffizient r_{xy} liegt ebenfalls im Intervall [-1, 1] und nimmt den maximalen Wert bei einem absolut linearen Zusammenhang zwischen den Profilverläufen an, wobei das Vorzeichen die Richtung kennzeichnet.
Unter der Annahme der Orthogonalität der Skalen bzw. Dimensionen kann das Distanzmaß D nach Gleichung (27), mit den Abständen d_{il} zwischen den Werten bzw. Faktorwerten der Konzepte i und l auf der Skala j, berechnet werden.

$$D = \sqrt{\sum d_{il}^2} \tag{27}$$

Dabei wird der Ähnlichkeitsraum entsprechend dem Euklidischen Distanzmodell durch r-unabhängige Dimensionen aufgespannt und die Position eines Punktes in diesem Raum durch seine Projektion auf die Dimension bestimmt. Die Voraussetzung der Orthogonalität für dieses von Osgood entwickelte Distanzmaß D kann i. Allg. für das Semantische Differential nicht angenommen werden und muss in jedem Anwendungsfall überprüft und bei der Interpretation bedacht werden. [Diehl und Schäfer 1975]

Literatur

[Bednarzyk 1999] Bednarzyk, M. (1999). *Qualitätsbeurteilung der Geräusche industrieller Produkte - Der Stand der Forschung, abgehandelt am Beispiel der Kfz-Innenraumgeräusche.* Doktorarbeit, Ruhr Universität Bochum, Institut für Kommunikationstechnik.

[Bortz und Döring 2003] Bortz, J. und Döring, N. (2003). *Forschungsmethoden und Evaluation für Human- und Sozialwissenschaftler,* Bd. Nachdruck. Springer Verlag, Berlin, 3 Auflage

[Bortz et al. 1990] Bortz, J., Lienert, G. A. und Böhnke, K. (1990). *Verteilungsfreie Methoden in der Biostatistik.* Springer Verlag, Berlin, 4. Auflage

[Diehl und Schäfer 1975] Diehl, B. und Schäfer, B. (1975). *Techniken der Datenanalyse beim Eindrucksdifferential.* In: Bergler, R., Hrsg.: *Das Eindrucksdifferential - Theorie und Technik,* S. 157–211. Verlag Hans Huber, Stuttgart.

[Liebl et al. 2006] Liebl, A., Zeitler, A., Schlittmeir, S. und Hellbrück, J. (2006). *Objektivierung des Subjektiven: Beurteilung der Geräuschcharakteristik von Fahrzeugen durch Testpersonen.* In: Becker, K., Hrsg.: *Subjektive Fahreindrücke sichtbar machen III,* Kap. 10, S. 163–181. expert Verlag, Renningen.

[Otto et al. 2001] Otto, N., Amman, S., Eaton, C. und Lake, S. (2001). *Guidelines for Jury Evaluations of Automotive Sounds.* Sound and Vibration, 35(4):24–47.

[Roskam 1983] Roskam, E. E. (1983). *Allgemeine Datentheorie.* In: Feger, H. und Bredenkamp, J., Hrsg.: *Enzyklopädie der Psychologie,* Nr. 3 in *1,* Kap. 1, S. 1–124. Verlag für Psychologie, Göttingen.

[Ross 1934] Ross, R. T. (1934). *Optimum orders for the presentation of pairs in the method of paired comparisons.* The Journal of Educational Psychology, 25(5):375–382.

[Schäfer 1983] Schäfer, B. (1983). *Semantische Differential Technik.* In: Feger, H. und Bredenkamp, J., Hrsg.: *Enzyklopädie der Psychologie,* Nr. 2 in *2,* Kap. 4, S. 154–221. Verlag für Psychologie, Göttingen.

[Schäfer und Fuchs 1975] Schäfer, B. und Fuchs, J. (1975). *Kriterien und Techniken der Merkmalsselektion bei der Konstruktion eines Eindruckdifferentials.* In: Bergler, R., Hrsg.: *Das Eindrucksdifferential - Theorie und Technik,* S. 119–137. Verlag Hans Huber, Stuttgart.

[Sixtl 1967] Sixtl, F. (1967). *Meßmethoden der Psychologie - Theoretische Grundlagen und Probleme.* Verlag Julius Beltz, Weinheim/ Bergstraße.